华东交通大学教材（专著）基金资助项目
普通高等院校测绘课程系列规划教材

测量学实践指导

主　编　程海琴　马国正
副主编　聂启祥　黄征凯　康永红　何桂珍

西南交通大学出版社
·成 都·

图书在版编目（ＣＩＰ）数据

测量学实践指导 / 程海琴，马国正主编. 一成都：
西南交通大学出版社，2023.5
ISBN 978-7-5643-9186-7

Ⅰ.①测… Ⅱ.①程… ②马… Ⅲ.①测量学－高等
学校－教学参考资料 Ⅳ.①P2

中国国家版本馆 CIP 数据核字（2023）第 037013 号

Celiang Xue Shijian Zhidao
测量学实践指导
主编 程海琴 马国正

责 任 编 辑	杨 勇
封 面 设 计	何东琳设计工作室
出 版 发 行	西南交通大学出版社
	（四川省成都市金牛区二环路北一段 111 号
	西南交通大学创新大厦 21 楼）
发行部电话	028-87600564 028-87600533
邮 政 编 码	610031
网 址	http://www.xnjdcbs.com
印 刷	四川森林印务有限责任公司
成 品 尺 寸	185 mm×260 mm
印 张	4.25
字 数	93 千
版 次	2023 年 5 月第 1 版
印 次	2023 年 5 月第 1 次
书 号	ISBN 978-7-5643-9186-7
定 价	15.00 元

前　言

　　本书是为"测量学"和"施工测量"编写的实践配套教材，主要用于土木工程、道路工程、桥梁工程和交通工程等专业的测量实践指导。全书分为三章：第一章是"测量实验与实习须知"，介绍测量实验、实习的注意事项以及相关规定；第二章是"测量实验"，包括 14 个测量学基础实验和施工测量实验；第三章是"测量实习"，内容为大比例尺地形图测绘和施工测量实习指导书。

　　本书由华东交通大学测绘工程系编写。其中第一章、第二章实验一至实验十由程海琴编写，实验十一和实验十二由马国正编写，实验十三和实验十四由聂启祥编写，第三章由黄征凯编写。

　　本书编写过程中，编者参阅了相关文献，并引用了一些资料，向有关作者表示感谢！

编　者

2022 年 10 月

目　录

第一章　测量实验与实习须知

"测量学"和"施工测量"是实践性很强的两门课程，课堂实验与期末实习是必不可少的教学环节。在掌握基本理论知识的基础上，学生通过仪器操作、外业观测、内业计算以及室内绘图等实践作业，将进一步深化对测量原理、测量方法的理解。

一、实验与实习的目的及有关规定

1. 测量实验与实习的目的，一方面是验证、巩固在课堂上所学的知识，另一方面是熟悉测量仪器的构造和使用方法，培养学生开展测量工作的基本操作技能，使其学到的理论与实践紧密结合。

2. 在实验或实习之前，必须复习教材中的有关内容，认真仔细地预习实验或实习指导书，明确实验要求、方法步骤及注意事项，从而保证按时完成实验和实习任务。

3. 实验或实习分小组进行，组长负责组织协调工作，办理所用仪器工具的借领和归还手续。每位同学都必须认真、仔细地操作，培养独立的工作能力和严谨的科学态度，同时要发扬互相协作的精神。

4. 实验或实习应在规定的时间和地点进行，不得无故缺席、迟到或早退，不得擅自改变地点或离开现场。

5. 在实验或实习过程中或结束时，发现仪器工具有遗失、损坏情况，应立即报告指导教师，同时要查明原因，根据情节轻重，给予适当赔偿和接受相关处理。

6. 实验或实习结束时，应提交书写工整、规范的实验报告或实习记录，经指导教师审阅同意后，才可交还仪器工具、结束工作。

二、使用仪器、工具的注意事项

以小组为单位到指定地点领取仪器、工具，领借时应当场清点、检查，如有缺损，可以报告实验管理员补领或更换。

1. 携带仪器时，注意检查仪器箱是否扣紧、锁好，拉手和背带是否牢固，并注意轻拿轻放。开箱时，应将仪器箱放置平衡。开箱后，记清仪器在箱内安放的位置，以便用后按原样放回。提取仪器时，应用双手握住支架或基座轻轻取出，放在三脚架上，保持一手握住仪器，一手拧连接旋钮，使仪器与三脚架牢固连接。仪器取出后，应关好仪器箱，严禁在箱上坐人。

2. 不可置仪器于一旁而无人看管。

3. 若发现透镜表面有灰尘或其他污物，需用软毛刷或擦镜头纸拂去，严禁用手帕、粗布或其他纸张擦拭，以免磨坏镜面。

4. 各制动旋钮勿拧过紧，以免损伤；各微动旋钮勿转至尽头，防止失灵。

5. 近距离搬站，应放松制动旋钮，一手握住三脚架放在肋下，一手托住仪器，放置胸前稳步行走。不准将仪器斜扛肩上，以免碰伤仪器。若距离较远，必须装箱搬站。

6. 仪器装箱时，应松开各制动旋钮，按原样放回后先试关一次，确认放妥后，再拧紧各制动螺钉，以免仪器在箱内晃动，最后关箱上锁。

三、记录与计算规则

1. 实验所得各项数据的记录和计算，必须按记录格式用铅笔认真填写。字迹应清楚并随观测随记录。不准先记在草稿纸上，然后誊入记录表中，以防听错、记错。

2. 记录错误时，不准用橡皮擦去，也不准在原数字上涂改，应将错误的数字划去并把正确的数字记在原数字上方。记录数据修改后或观测成果废去后，都应在备注栏内注明原因（如测错、记错或超限等）。

3. 禁止连续更改数字，例如：水准测量中的黑、红面读数；角度测量的盘左、盘右读数；距离丈量中的往测与返测结果等，均不能同时更改。否则，必须重测。

4. 数据运算应根据所取位数，按"四舍六入、五单进双舍"的规则进行数字凑整。

第二章　测量实验

实验一　水准仪的认识与使用

一、实验目的

1. 认识 DS₃ 微倾式水准仪的基本构造、各操作部件的名称和作用。
2. 掌握 DS₃ 水准仪的安置、瞄准和读数方法。
3. 练习水准测量一测站的测量、记录和高差计算。

二、实验设备及器件

DS₃ 微倾式水准仪 1 台，脚架 1 个，水准尺 1 对，记录板 1 块。

三、实验任务

每组每位同学完成水准仪的安置和整平工作，熟练进行水准尺读数。

四、实验方法及步骤

1. 了解微倾式水准仪的构造，掌握各螺旋和部件的名称、功能及操作方法。
2. 水准仪的安置。

（1）仪器架设：在测站上打开脚架，按观测者的身高调节脚架腿的高度，使脚架架头大致水平。如果地面比较松软，则应将脚架的三个脚尖踩实，使脚架稳定。然后将水准仪从箱中取出平稳地安放在脚架头上，一手握住仪器，一手立即用连接螺旋将仪器固连在脚架头上。

（2）粗略整平：通过调节三个脚螺旋使圆水准器气泡居中，从而使仪器的竖轴大致铅垂。在整平过程中，气泡移动的方向与左手大拇指转动脚螺旋时的移动方向一致。如果地面较坚实，可先练习固定脚架两条腿，移动第三条腿使圆水准器气泡大致居中，然后再调节脚螺旋使圆水准器气泡居中。

3. 水准尺读数。

（1）瞄准：转动目镜调焦螺旋，使十字丝成像清晰；松开制动螺旋，转动仪器，用准星瞄准水准尺，旋紧制动螺旋；转动微动螺旋，使水准尺位于视场中央；转动物镜调焦螺旋，消除视差，使目标清晰。

（2）精平：转动微倾螺旋，使符合水准管气泡两端的半影像吻合（成圆弧状），即符合气泡严格居中。

（3）读数：从望远镜中观察十字丝横丝在水准尺上的分划位置，读取 4 位数字，即直接读出米、分米、厘米的数值，估读毫米的数值。读数应迅速、果断、准确，读数后应立即重新检视符合水准器气泡是否仍居中，如仍居中，则读数有效，否则应重新使符合水准气泡居中后再读数。如图 2.1。

上丝：0777
中丝：0724
下丝：0673

图 2.1　水准尺读数

4. 一测站水准测量练习。

在地面选定两个点分别作为后视点和前视点并立尺，在距两尺距离大致相等处安置水准仪，粗平，瞄准后视尺，精平后读数，再瞄准前视尺，精平后读数，记录数据并计算高差。换一人变换仪器高再进行观测，小组各成员所测高差之差不得超过 ±6 mm。

五、注意事项

1. 水准仪安置时应使脚架头大致水平，脚架跨度不能太大，避免摔坏仪器。

2. 水准仪安放到脚架上必须立即将中心连接螺旋旋紧，严防仪器从脚架上掉下摔坏。

3. 在读数前应注意消除视差。

4. 读数前，必须使符合水准管气泡居中（水准管气泡两端影像符合）。

5. 记录员听到观测员读数后必须向观测员回报，经观测员确认后方可记入手簿，以防听错而记错。数据记录应字迹清晰，不得涂改。

6. 迁站时，仪器可不用装箱，但应保证仪器和脚架在搬动过程中呈竖直状态。

六、实验成果

完成表 2.1。

表 2.1　水准测量记录手簿

仪器型号：_____　观测日期：_____　观测天气：_____　观测：_____　记录：_____

测站	测点	水准尺读数/m		高差/m		高程/m	备注
		后视 a	前视 b	+	−		

实验二 等外水准测量

一、实验目的

1. 掌握普通水准测量方法，熟悉水准测量的记录、计算和检核。
2. 熟悉水准路线的布设形式和未知点高程的计算。
3. 掌握两次仪高法检核水准测量成果。

二、实验设备及器件

DS$_3$ 微倾式水准仪 1 台，脚架 1 个，水准尺 1 对，记录板 1 块。

三、实验任务

1. 完成一条闭合水准路线的等外水准测量。
2. 观测成果符合精度要求后，进行闭合水准路线高差闭合差的调整和高程计算。

四、实验方法及步骤

1. 实验场地选定一明显标志点位，地面做标记，该点作为闭合水准路线起点，相对高程为 100.000 m。
2. 选定最少 3 个待测点，与起点构成一条闭合水准路线，路线长度不得小于 200 m。
3. 在测站安置水准仪，前后尺距离尽量相等。
4. 水准仪瞄准后视尺黑面，精确整平后读数 a，然后瞄准前视尺黑面，精确整平后读数 b。
5. 依次完成各测段观测后，计算闭合差 $f_h = \sum a - \sum b$。注意：闭合差的容许值为 $F_h = \pm 12\sqrt{n}$ mm 或 $F_h = \pm 40\sqrt{L}$ mm，式中：n 为测站数；L 为水准路线长度，以 km 为单位。
6. 如果闭合差符合精度要求，进行闭合差分配，计算各待测点高程；如果闭合差超限，则重新开展外业观测。

五、注意事项

1. 读数前水准仪必须精确整平，注意消除视差。
2. 水准尺必须扶直。
3. 水准仪视线长度不得超过 100 m。

六、实验成果

完成表 2.2。

表 2.2 等外水准测量记录手簿

仪器型号：_____ 观测日期：_____ 观测天气：_____ 观测：_____ 记录：_____

测站	测点	水准尺读数/m		高差/m		高程/m	备注
		后视 a	前视 b	+	−		
计算检核	$\sum a =$		$\sum b =$	$\sum a - \sum b =$		$\sum h =$	
闭合差	$f_h =$			$F_h = \pm 12\sqrt{n} =$			
水准路线示意图							

- 7 -

实验三　水准仪的检验与校正

一、实验目的

1. 了解水准仪的构造、原理。
2. 掌握水准仪的主要轴线及它们之间应满足的条件。
3. 掌握 DS_3 水准仪的检验和校正方法。

二、实验设备及器件

DS_3 水准仪 1 台，脚架 1 个，水准尺 1 对，皮尺 1 把，记录板 1 块。

三、实验任务

每组完成水准仪的圆水准器、十字丝横丝和水准管平行于视准轴（i 角）共 3 项检验。

四、实验方法及步骤

1. 圆水准器轴平行于仪器竖轴的检验。

先将圆水准器平行于其中两个脚螺旋，整平圆水准器待气泡居中后，将望远镜旋转 180°，观察气泡是否仍然居中。

2. 十字丝横丝垂直于仪器竖轴的检验。

用十字丝横丝的左端瞄准一点状目标，旋紧水平制动螺旋，转动水平微动螺旋，观察该点是否仍在横丝上移动。如果该点在横丝上移动，说明此条件满足，如果该点离开横丝，则需校正。

3. 水准管轴平行于视准轴（i 角）的检验和校正。

（1）检验：在地面上选定相距约 80 m 的 A、B 两点，安置水准仪于 A、B 的中点，仪器精平后，分别读出 A、B 两点水准尺的读数 a_1、b_1，求出两点间的正确高差 $h_{AB} = a_1 - b_1$。如图 2.2。

仪器安置于靠近 B 点（距 B 点约 2 m），测得 A、B 两点水准尺读数分别为 a_2、b_2，则 A、B 间的高差为 $h'_{AB} = a_2 - b_2$。

若 $h'_{AB} = h_{AB}$，表明水准管轴平行于视准轴，几何条件满足。若 $h'_{AB} \neq h_{AB}$，则 h'_{AB} 有 i 角影响。如果 i 角超过 ±20″，则需要进行校正。i 角计算公式如下：

$$i = \frac{h'_{AB} - h_{AB}}{S_{AB}} \cdot \rho''$$

其中，S_{AB} 为 A、B 两点的距离，$\rho'' = 206\,265$。

（2）校正方法：水准仪不动，计算 i 角对 A 点水准尺读数的影响 x_A 和视线水平时 A 点水准尺上应有的正确读数 a'_2，即

$$x_A = \frac{i}{\rho} S_A \,, \quad a'_2 = a_2 - x_A$$

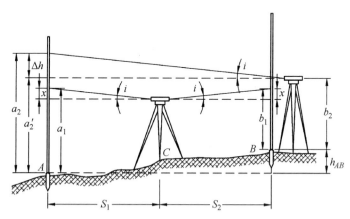

图 2.2　水准管轴平行于视准轴的检验

五、实验成果

1. 圆水准器轴平行于竖轴的检验（绘图说明检验情况）。

完成表 2.3。

表 2.3　圆水准器轴平行于竖轴的检验

检验次数	1	2	3	4	5
气泡偏离					

2. 望远镜十字丝横丝的检验。

完成表 2.4。

表 2.4　望远镜十字丝横丝的检验

检验次数	1	2	3
误差是否显著			

3. 水准管轴平行于视准轴。

完成表 2.5。

表 2.5　水准管轴平行于视准轴

仪器位置	立尺点	水准尺读数	高差	计算
水准仪在两尺中间	A			$D_{AB} =$
	B			$i =$
水准仪靠近 B 尺	A			$x_A =$
	B			$a_2' =$

实验四　四等水准测量

一、实验目的

1. 掌握用双面水准尺进行四等水准测量的观测、记录与计算方法。
2. 熟悉四等水准测量的主要技术指标,掌握测站及线路的检核方法。

二、实验设备及器件

水准仪 1 台,脚架 1 个,水准尺 1 对,记录板 1 块。

三、实验任务

每组完成一条闭合水准路线的四等水准测量,测站数一般为 4~6 个。

四、实验方法及步骤

在实验地点选取一点作为高程起始点,选择一定长度、有一定起伏的路线组成一条闭合水准路线,该闭合水准路线包含 4 个或 6 个测站。测站观测顺序如下:

1. 照准后视尺黑面,读取下、上、中丝读数。
2. 照准前视尺黑面,读取下、上、中丝读数。
3. 照准前视尺红面,读取中丝读数。
4. 照准后视尺红面,读取中丝读数。

此观测顺序简称为"后—前—前—后","黑—黑—红—红"主要是为抵消水准仪与水准尺下沉产生的误差。

实验结束时提交记录、计算成果。

五、注意事项

1. 按规范要求,每条水准路线测量测站个数应为偶数站,以消除两根水准尺的零点误差和其他误差。
2. 水准尺要尽量竖直,以减小水准尺倾斜误差对读数的影响。
3. 每个测站必须等全部计算完毕并确认符合限差要求后才能迁站。
4. 四等水准测量测站限差规定:前、后视距值 ≤80 m,前后视距差 ≤±5 m,黑红面读数差 ≤±3 mm,黑红面所测量高差之差 ≤±5 mm,水准路线高差闭合差限差 $F_h = ±20\sqrt{L}$ 或 $F_h = ±6\sqrt{n}$。

六、实验成果

完成表 2.6。

表 2.6　四等水准测量记录表

仪器型号：_____　观测日期：_____　观测天气：_____　观测：_____　记录：_____

测站点号	视准点	后尺	下丝	前尺	下丝	方向	水准尺读数		K＋黑－红 /mm	平均高差
			上丝		上丝					
		后视距离		前视距离			黑面	红面		
		视距差/m		$\sum d$ /m						
						后				
						前				
						后－前				
						后				
						前				
						后－前				
						后				
						前				
						后－前				
						后				
						前				
						后－前				
						后				
						前				
						后－前				
						后				
						前				
						后－前				

实验五　经纬仪的认识与使用

一、实验目的

1. 了解经纬仪的构造以及主要部件的名称与作用。
2. 练习经纬仪对中、整平、瞄准和读数方法。

二、实验设备及器件

DJ$_6$/DJ$_2$光学经纬仪 1 台，脚架 1 个，记录板 1 块，花杆 2 根。

三、实验任务

每组每位同学熟练掌握经纬仪的对中、整平、瞄准、读数方法。

四、实验方法及步骤

1. 经纬仪安置：在给定的测站点张开三脚架，按照观测者身高调整仪器高度，要求架头基本水平，中心大致位于测站点的铅垂线上。

从仪器箱取出仪器，将经纬仪安置在三脚架的架头，一手扶住仪器，一手旋转位于架头底部的连接螺旋，旋紧螺旋将仪器固定在脚架上。

2. 对中：旋转光学对中器的目镜调焦螺旋，使分划板对中圈清晰；推拉光学对中器镜管，使地面测站点标志清晰。调整基座螺旋，使地面测站点标志位于对中圈内。

3. 整平：分为"粗平"和"精平"。粗平，即粗略整平仪器，通过伸缩脚架腿使圆水准器气泡居中；精平，即精确整平仪器，通过调节脚螺旋使管水准器气泡居中，操作方法如图 2.3。

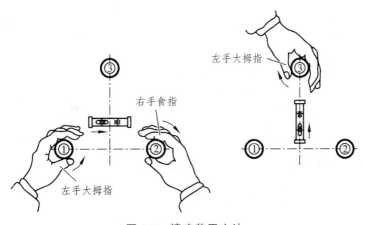

图 2.3　精确整平方法

4. 瞄准：松开水平制动螺旋和望远镜制动螺旋，调节目镜使十字丝清晰可见。用望远镜上的粗瞄器瞄准目标，使目标成像在望远镜视场中，旋紧制动螺旋。转动物镜调焦螺旋使目标清晰并注意消除视差。最后调节水平微动螺旋和望远镜微动螺旋精确照准目标。如图 2.4。

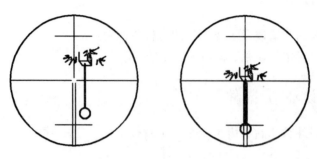

图 2.4　照准目标的方法

5. 读数：打开度盘照明反光镜，调整反光镜的开度和方向，使读数窗亮度适中，旋转读数显微镜的目镜使刻划线清晰，然后读数。如图 2.5、图 2.6。

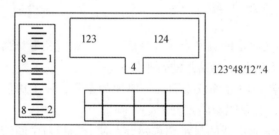

图 2.5　DJ$_2$ 光学经纬仪读数窗

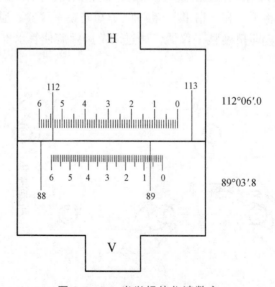

图 2.6　DJ$_6$ 光学经纬仪读数窗

五、注意事项

1. 领到仪器，在开箱时，仔细观察仪器在箱中位置，以便在仪器用毕后，很方便地装入箱中。关箱时不可强压，关不上时应查明原因，注意箱子是否锁好，背带是否牢靠，仪器箱不能坐人。

2. 仪器安装在三脚架上后，必须将中心连接螺旋旋紧；制动螺旋没有放松之前不可强行转动仪器，不准拿着望远镜转动仪器，必须两手拿着望远镜支架转动仪器。

3. 仪器的各种螺旋不宜旋得过紧，以免损伤轴身，宜旋得松紧适当。

4. 仪器搬站时，最好直立抱持，或夹脚架于腋下，一手托着仪器。

5. 瞄准目标时，尽可能瞄准其底部，以减少目标倾斜引起的误差。

六、实验成果

完成表 2.7。

表 2.7 水平角观测手簿

仪器型号：_____ 观测日期：_____ 观测天气：_____ 观测：_____ 记录：_____

测站	目标	竖盘位置	水平度盘读数 ° ′ ″	半测回角值 ° ′ ″	一测回角值 ° ′ ″	备注

实验六　全站仪的认识与使用

一、实验目的

1. 了解全站仪的结构与性能，各操作部件以及螺旋的名称和作用。
2. 熟悉全站仪面板主要功能。
3. 掌握全站仪的对中、整平操作方法。

二、实验设备及器件

全站仪 1 台，脚架 1 个，反光镜及对中杆 2 套，记录板 1 块。

三、实验任务

每组每位同学练习使用全站仪进行角度测量和距离测量。

四、实验方法及步骤

1. 全站仪的认识：每组同学实验场地架设仪器，对照实物认识仪器的组成部分、各螺旋的名称及作用（如图 2.7），认识全站仪显示屏上符号及数据的意义（如图 2.8）。

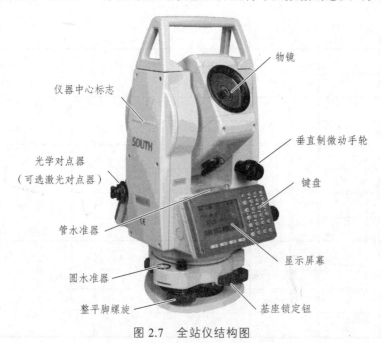

图 2.7　全站仪结构图

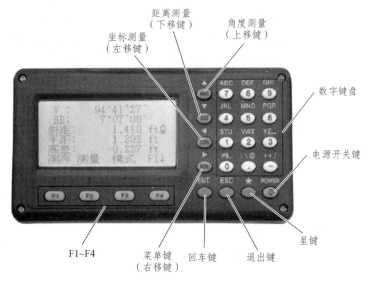

图 2.8　全站仪显示屏与键盘

2. 全站仪的角度测量设置和距离测量设置。

全站仪是集测角、测距功能于一体，内置丰富测量计算程序的全能测量仪器。在应用不同的测量功能完成测量工作时，首先要进行功能设置。

（1）角度测量模式：按 ANG 键，进入角度测量模式，可进行水平角、竖直角测量，显示界面如图 2.9。

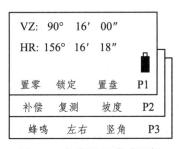

图 2.9　角度测量模式面板

（2）距离测量模式：在操作键盘上按 DIST 键进入，可进行水平角（HR）、竖直角（VZ）测量，以及测站点至棱镜点间的斜距（SD）、平距（HD）、高差测量（VD），显示界面如图 2.10。

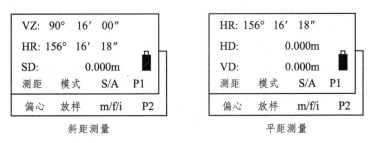

图 2.10　距离测量模式面板

3. 练习并掌握全站仪的安置与观测方法。在一个测站上安置全站仪，选择两个目标点安置反光镜，练习水平角、竖直角、距离观测，实验数据记入相应表格中。

五、注意事项

1. 全站仪是目前结构复杂、价格较贵的先进仪器之一，在使用时必须严格遵守操作规程，注意保护仪器。

2. 在阳光下使用全站仪测量时，一定要撑伞遮阳，严禁用望远镜对准太阳。

3. 仪器、反光镜站必须有人看守。观测时应尽量防止两侧和后面反射物所产生的信号干扰。

4. 开机后先检测信号，停测时随时关机。

5. 更换电池时，应先关断电源开关。

六、实验成果

完成表2.8。

表2.8　全站仪测角与测距记录

仪器型号：_____　观测日期：_____　观测天气：_____　观测：_____　记录：_____

测站	竖盘位置	目标	水平度盘读数 ° ′ ″	水平角 ° ′ ″	竖直度盘读数 ° ′ ″	竖直角 ° ′ ″	倾斜距离 S/m	水平距离 D/m

实验七   测回法观测水平角

一、实验目的

1. 掌握用测回法观测水平角的方法及工作程序。
2. 掌握测回法观测水平角的记录、计算方法和各项限差要求。

二、实验设备及器件

全站仪 1 台，脚架 1 个，花杆 2 根，记录板 1 块。

三、实验任务

每组每位同学采用测回法观测两个方向之间的单角。

四、实验方法及步骤

在实验场地选择测站点 O、目标点 A 和 B，每组采用测回法观测水平角 $\angle AOB$ 两个测回。如图 2.11。

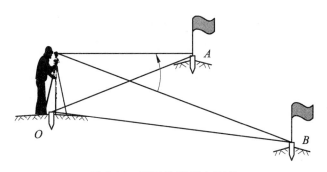

图 2.11   测回法观测水平角

1. 在 O 点安置全站仪，对中、整平后取盘左位置，度盘置零，瞄准左侧目标 A，读取水平度盘读数 $a_左$，记入观测手簿。

2. 松开水平制动螺旋，顺时针转动照准部，照准右侧目标 B，读得读数 $b_左$，记入手簿。

3. 上半测回测得角值为 $\beta_左 = b_左 - a_左$。

4. 盘左变为盘右，照准目标 B，读得读数 $b_右$，记入手簿。

5. 松开水平制动螺旋，逆时针转动照准部，照准目标 A，读得读数 $a_右$，记入手簿。

6. 下半测回测得角值为 $\beta_{右} = b_{右} - a_{右}$。上下半测回合称一测回，一测回角值为 $\beta_1 = \dfrac{\beta_{左} + \beta_{右}}{2}$。

7. 第二测回配度盘 $90°00'00''$，相同方法观测水平角值为 β_2，两测回平均值为 $\beta = \dfrac{\beta_1 + \beta_2}{2}$。

五、注意事项

1. 瞄准目标时，尽可能瞄准其底部，以减少目标倾斜引起的误差。

2. 观测过程中，若发现气泡偏移超过 1 格时，应重新整平重测该测回。

3. 限差要求为：对中误差小于 3 mm；上下半测回值互差绝对值不超过 $40''$，超限重测该测回；各测回角互差不超过 $\pm 24''$，超限重测该测站。

4. 记录员听到观测员读数后应向观测员回报，经观测员默许后方可记入手簿，以防听错而记错。

六、实验成果

完成表 2.9。

表 2.9　测回法观测水平角记录

仪器型号：_____　观测日期：_____　观测天气：_____　观测：_____　记录：_____

测站（回）	竖盘位置	目标	水平度盘读数 ° ′ ″	半测回角值 ° ′ ″	一测回角值 ° ′ ″	各测回平均值 ° ′ ″

实验八　方向法观测水平角

一、实验目的

1. 掌握用方向法观测水平角的方法及工作程序。
2. 掌握方向法观测水平角的记录、计算方法和各项限差要求。
3. 进一步熟悉全站仪的操作。

二、实验设备及器件

全站仪 1 台，脚架 1 个，记录板 1 块。

三、实验任务

每组采用方向观测法观测 4 个方向的方向值。

四、实验方法及步骤

在实验场地选择测站点 O，选择周围 4 个目标点 A、B、C、D，采用方向法观测 4 个方向方向值，如图 2.12。

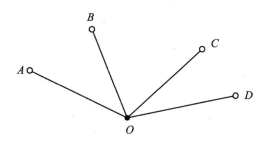

图 2.12　方向法观测水平角

1. 在 O 点安置全站仪，进行对中和整平。
2. 盘左位置，在 A、B、C、D 四个目标中选择一个标志十分清晰的点（如 A 点）作为零方向。度盘置零，照准目标 A，读取水平度盘读数，记入手簿。
3. 顺时针转动照准部，依次照准 B、C、D 各点，分别读取读数并记入手簿。
4. 继续旋转照准部至 A 方向，再读取水平度盘读数，检查归零差是否超限。
5. 盘左转为盘右，按照逆时针方向依次瞄准 A、D、C、B 各方向，依次读取各目标的水平度盘读数并记入表格中。

6. 逆时针继续旋转至 A 方向，读取零方向的水平度盘读数，检查归零差是否超限。上述过程为一测回观测，计算同一方向两倍照准差 $2C$，并检查 $2C$ 值是否超限。

7. 重复上述步骤进行第二测回观测，注意盘左起始读数应调整为 $90°00'00''$。

五、注意事项

1. 选择距离适中、通视良好、成像清晰、竖角较小的目标方向作零方向。

2. 一测回内不得重新调整水准管，若气泡偏离中央较大，应重新整平仪器。

3. 记录计算要及时、清楚，发现问题立即重测。

六、实验成果

完成表 2.10。

表 2.10   方向法观测水平角记录

仪器型号：＿＿＿＿＿   观测日期：＿＿＿＿＿   观测天气：＿＿＿＿＿   观测：＿＿＿＿＿   记录：＿＿＿＿＿

测回	测站	目标	水平度盘读数		$2C$	平均读数	归零方向值	各测回平均归零方向值
			盘左	盘右				
			° ′ ″	° ′ ″	″	° ′ ″	° ′ ″	° ′ ″

实验九　竖直角观测

一、实验目的

1. 了解全站仪竖盘构造、竖盘注记形式。

2. 掌握竖直角观测、记录及计算的方法。

3. 掌握竖盘指标差的计算方法。

二、实验设备及器件

全站仪 1 台，脚架 1 个，记录板 1 块。

三、实验任务

每组每位同学完成 4 个目标一测回的竖直角观测。

四、实验方法及步骤

1. 在实验场地选择测站点安置仪器，进行对中和整平。

2. 盘左位置，瞄准目标，用十字丝的横丝切于目标，读取竖盘读数 L，计算竖直角 $\alpha_{左} = 90° - L$。

3. 盘左转为盘右，同法观测读取竖盘读数 R，计算竖直角值 $\alpha_{右} = R - 270°$，记入手簿。

4. 计算一测回竖直角平均值 α 及竖盘指标差 x，计算公式如下：

$$\alpha = \frac{\alpha_{左} + \alpha_{右}}{2} = \frac{1}{2}(R - L - 180°) , \quad x = \frac{\alpha_{右} - \alpha_{左}}{2} = \frac{1}{2}(L + R - 360°)$$

五、注意事项

1. 测量一个竖直角时，盘左、盘右要瞄准同一目标的相同部位。

2. 计算竖直角和指标差时，注意正、负号。

六、实验成果

完成表2.11。

表 2.11　竖直角观测记录手簿

仪器型号：_____　观测日期：_____　观测天气：_____　观测：_____　记录：_____

测站	目标	竖盘位置	竖盘读数 。　′　″	半测回竖直角 。　′　″	指标差 ′　″	一测回竖直角 。　′　″	备注

实验十 全站仪坐标测量

一、实验目的

1. 熟悉全站仪的操作界面及作用。
2. 理解全站仪坐标测量原理，并能应用全站仪直接测得坐标。

二、实验设备及器件

全站仪 1 台，脚架 1 个，棱镜及对中杆组 2 套，记录板 1 块。

三、实验任务

根据已知的测站点 A 和后视点 B，每组每人采集若干个未知地物点的坐标。

四、实验方法及步骤

1. 实验场地选定一个点 A 为测站点，假定 A 点三维坐标为（1 000，1 000，200）。
2. 在测站点 A 安置全站仪，并进行对中，整平。
3. 选定另一个点 B 为后视点，架设棱镜。测量 AB 两点之间水平距离 D，设定 B 点平面坐标为（1 000，1 000 + D）。
4. 按 MENU 键进入程序主菜单，进行"数据采集"。
5. 如图 2.13（a），按"F1"，输入测站点的已知坐标值、仪器高、棱镜高。
6. 按"F2"输入后视点的已知坐标值。精确瞄准后视点后，方向确认。至此，仪器设置完成，开始碎部点测量。
7. 按"F3"，精确瞄准目标点后，输入点号，待测点从 1 开始编号，顺序增加；如图 2.13（b）点击"测量"，进行三维坐标测量。

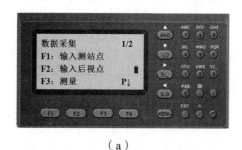
（a）

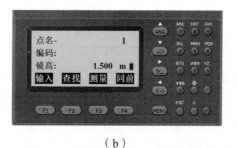
（b）

图 2.13 测站设置和坐标测量

8. 屏幕显示目标点的三维坐标值，记录并存储。

重复 7、8 步骤，直至按照教学要求完成其他碎部点的坐标测量。

注意：全站仪进行坐标测量最少需要 2 个已知点。

五、注意事项

1. 数据采集参数设置，请在教师指导下进行。
2. 未经指导教师允许，禁止改动全站仪配置参数。

六、实验成果

完成表 2.12。

表 2.12　全站仪坐标测量记录表

仪器型号：_____　观测日期：_____　观测天气：_____　观测：_____　记录：_____

| 测站点： | ($x=$　　　, $y=$　　　, $H=$　　　) | | 仪器高： | |
| 后视点： | ($x=$　　　, $y=$　　　) | | | |
目标点	x	y	H

实验十一　图根控制测量

一、实验目的

1. 理解大比例尺图根控制测量的内容和测量方法。
2. 熟悉全站仪角度、距离和三角高程测量的操作步骤。

二、实验设备及器件

全站仪 1 台，脚架 1 个，棱镜及对中杆 2 套，记录板 1 块。

三、实验任务

完成一条闭合导线的角度、距离和高程测量，解算导线点的三维坐标。

四、实验方法及步骤

1. 确定两个已知点（假设为 A，B 两点）：首先假定 A 点三维坐标为（1 000，1 000，200），测量 AB 两点之间水平距离 D，B 点平面坐标假设为（1 000 + D，1 000），如图 2.14。
2. 实验场地选择导线点 C、D、E、F，与导线点 A 组成一条闭合导线，如图 2.14，注意相邻导线点之间互相通视。

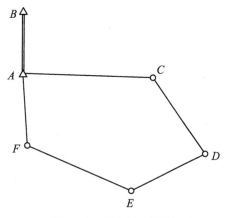

图 2.14　闭合导线示意

3. 架设全站仪开展外业观测。输入仪器高、棱镜高，测闭合导线内角（一测回）、导线边长（往返测量）和相邻导线点间的高差，观测数据填入记录表格。

4. 导线与已知点 *B* 进行连测，计算起始边方位角。

5. 闭合差符合限差要求后，开展内业计算，获得导线点的三维坐标。

五、注意事项

闭合导线角度闭合差限差为 $\pm 60'' \sqrt{n}$，距离测量限差为 $1/2\,000$。

六、实验成果

完成表 2.13、表 2.14。

表 2.13　导线外业测量记录表

仪器型号：_____　观测日期：_____　观测天气：_____　观测：_____　记录：_____

测站	目标	竖盘位置	水平度盘读数 ° ′ ″	水平角	距离	高差	备注

表 2.14　导线坐标计算表

点号	观测角 ° ′ ″	改正数 ″	改正角 ° ′ ″	坐标方位角 ° ′ ″	距离	增量计算		改正后增量		坐标值	

实验十二 全站仪坐标测设

一、实验目的

1. 熟悉坐标测设的原理。
2. 掌握全站仪坐标测设的操作方法。

二、实验设备及器件

全站仪1台，脚架1个，棱镜及对中杆1套，记录板1块，木桩小钉数个。

三、实验任务

根据实验场地测站点和后视点，每组放样一个三角形的三个角点，具体任务如表2.15。

表 2.15 全站仪坐标测设数据

组号	三角形	测站点 N：$X = 36\,977.238$，$Y = 43\,314.446$		
		后视点 O：$\alpha_{NO} = 269°28'44''$		
1组	三角形 1	A	B	C
	X	37 001.498	37 030.923	36 990.570
	Y	43 331.670	43 304.653	43 293.870
	加测测角 OAB			
2组	三角形 2	A	B	C
	X	37 002.028	37 031.123	36 991.016
	Y	43 332.172	43 303.959	43 294.872
	加测角 OBC			
3组	三角形 3	A	B	C
	X	37 002.023	37 031.327	36 990.318
	Y	43 331.876	43 305.373	43 293.641
	加测角 OCB			

続表

组号	三角形	测站点 N: $X = 36\,977.238$, $Y = 43\,314.446$		
		后视点 O: $\alpha_{NO} = 269°28'44''$		
4组	三角形 4	A	B	C
	X	37 000.998	37 031.373	36 991.108
	Y	43 332.157	43 303.983	43 294.263
	加测角 OBA			
5组	三角形 5	A	B	C
	X	37 002.003	37 031.375	36 990.175
	Y	43 332.018	43 304.217	43 294.178
	加测角 OBC			
6组	三角形 5	A	B	C
	X	37 000.998	37 031.317	36 991.126
	Y	43 330.970	43 304.283	43 293.257
	加测角 OAC			

四、实验方法及步骤

1. 实验场地指定两个已知点 N、O，在测站点 N 安置仪器，然后对中整平。
2. 照准后视点 O 进行定向，并将 NO 方向水平度盘设置为 $269°28'44''$。
3. 放样数据如表 2.13，每组同学在地面上放样 A、B、C 三个点，并做好标记。
4. 观测 A、B、C 三个点的实际坐标，填入记录表。
5. 将仪器分别安置在 A、B、C 点上，测量出三角形 ABC 的内角，观测一个测回。进行内角和检验。
6. 每组测量出加测角，观测一个测回。

五、注意事项

对放样点位进行坐标测量，将其结果与放样设计坐标比较，如果两者一致或相差在误差范围之内，则放样正确。

六、实验成果

完成表 2.16、表 2.17。

表 2.16　全站仪坐标测设记录表

仪器型号：＿＿＿＿＿　观测日期：＿＿＿＿＿　观测天气：＿＿＿＿＿　观测：＿＿＿＿＿　记录：＿＿＿＿＿

测站点	后视点	放样点	设计坐标/m		实测坐标/m		偏差值/m	
			X	Y	X	Y	dX	dY

表 2.17　水平角测量记录表

测站	竖盘位置	目标	水平度盘读数 ° ′ ″	半测回角值 ° ′ ″	一测回角值 ° ′ ″

实验十三　圆曲线测设

一、实验目的

1. 掌握圆曲线主点元素的计算和主点的测设方法。
2. 掌握用偏角法进行圆曲线的详细测设。

二、实验设备及器件

全站仪 1 台，脚架 1 个，棱镜及对中杆 1 套，测钎 10 支，木桩 3 只，锤子 1 把，记录板 1 块。

三、实验任务

根据实验场地的 JD 桩和 ZD1、ZD2 桩，完成一条圆曲线实地测设，包括主点测设和细部测设。圆曲线半径为 400 m（转向角小于 20°）或 250 m（转向角大于 20°）。如图 2.15 所示。

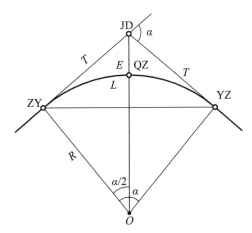

图 2.15　圆曲线示意图

四、实验方法及步骤

1. 实地测量线路转角。
2. 根据转角及曲线半径计算圆曲线主点要素及主点里程（JD 桩里程 DK1 + 234.00）。
3. 圆曲线主点放样，在实验场地打木桩标定位置。
4. 计算偏角法测设资料，圆曲线每 10 m 测设一个细部点。
5. 圆曲线详细测设，用测钎标定细部点位置。

五、注意事项

1. 圆曲线主点元素和偏角法测设数据的计算应经过两人独立计算，校核无误后，方可进行测设。

2. 本实验所占场地较大，仪器工具较多，应及时收拾，防止遗失。

六、实验成果

完成表 2.18、表 2.19。

表 2.18 圆曲线测设计算表

名　　称	数　　值	圆曲线元素	数　　值
转　　角		切线长 T/m	
曲线半径/m		曲线长 L/m	
交点桩里程		外矢距 E/m	
起点桩里程			
曲中点里程			
终点桩里程			

表 2.19 圆曲线细部点偏角计算表

置镜点或测设里程	点间曲线长/m	偏角 。　′　″	测设时度盘偏角读数 。　′　″	备注

实验十四　道路纵、横断面测量

一、实验目的

1. 掌握道路纵、横断面测量的一般方法。
2. 掌握道路纵、横断面图的绘制。
3. 熟悉利用水准仪进行道路纵、横断面测量的方法和步骤。

二、实验设备及器件

水准仪 1 台, 脚架 1 个, 水准尺 1 对, 木桩若干, 皮尺 1 把, 记录板 1 个。

三、实验任务

对实验场地约 100 m 长的直线线路进行纵、横断面测量, 并绘制纵横断面图。

四、实验方法及步骤

1. 选定实验场地约 100 m 直线线路的两端点打木桩, 起点桩桩号为 K0 + 000。
2. 线路附近已知水准点 BM_1 的高程为 100 m。
3. 用皮尺量距, 直线线路上每隔 10 m 钉中桩, 在坡度变化处钉加桩。
4. 如图 2.16, 水准仪置于测站 I, 以水准点 BM_1 为后视, 读后视读数; 照准前视转点 ZD_1, 读前视读数 (读至毫米); 然后依次观测 BM_1 至 ZD_1 之间中桩点 K0 + 000, K0 + 020, …, K0 + 080 的前视尺, 读中视读数 (读至厘米), 填入手簿。

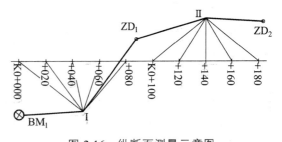

图 2.16　纵断面测量示意图

5. 水准仪转至第 II 测站, 后视转点 ZD_1, 前视转点 ZD_2, 然后依次观测 ZD_1 至 ZD_2 之间的中桩点。

6. 为了进行检核, 可由线路终点返测至已知水准点, 此时不需观测各中间点。

7. 横断面测量: 每人选一里程桩采用水准仪皮尺法测横断面。在里程桩上用方向架确定线路垂直方向, 在中线左右两侧各 5 m, 用皮尺量出中桩至左、右两侧各坡度变化点距离, 读至分米; 高差用水准仪测定, 读至厘米, 将数据填入横断面测量记录表。

8. 外业测量完成后,在室内绘制线路纵、横断面图。纵断面图:水平距离比例尺1∶1 000,高程比例尺1∶100;横断面图:水平距离比例尺1∶100,高程比例尺1∶100。

五、注意事项

1. 中间视无检核条件,因此读数与计算时,要认真细致,互相核准,避免出错。

2. 横断面水准测量与横断面绘制,应按线路延伸方向划定左右方向,切勿弄错,横断面图最好在现场绘制。

3. 线路往返测量高差闭合差限差按照普通水准测量要求计算,$F_{容} = \pm 12\sqrt{n}$,其中 n 为测站数。超限应重新测量。

六、实验成果

完成表2.20、表2.21。

表 2.20　纵断面测量记录表

仪器型号:_____　观测日期:_____　观测天气:_____　观测:_____　记录:_____

测站	测点	后视/m	中视/m	前视/m	视线高程/m	高程/m	备注

表 2.21　水准仪皮尺法横断面测量记录表

仪器型号：_____　观测日期：_____　观测天气：_____　观测：_____　记录：_____

里程 桩号	地面 高程	位置	项目	横断面记录数据						
		左侧	平距							
			高差							
		右侧	平距							
			高差							
		左侧	平距							
			高差							
		右侧	平距							
			高差							
		左侧	平距							
			高差							
		右侧	平距							
			高差							
		左侧	平距							
			高差							
		右侧	平距							
			高差							
		左侧	平距							
			高差							
		右侧	平距							
			高差							

第三章　测量实习

测量实习是在课堂教学结束之后集中进行的实践教学活动，是培养知识与实践综合应用能力，巩固和深化测量学基础理论的重要教学环节。

实习一　大比例尺地形图测绘

一、实习目的

通过大比例尺地形图的测绘，学生对所学的测绘理论知识进行系统的验证和应用，全面训练测量基本技能，培养独立解决地形测量实际问题的能力；通过实习，同学们在以前课程实验的基础上，进一步加强动手能力的锻炼，并养成实事求是的科学态度、严谨细致的工程素养和吃苦耐劳的工作作风。

二、实习设备及器件

全站仪 1 台，棱镜及对中杆 2 套，水准仪 1 台，水准尺 1 对，脚架 2 个，木桩或铁桩若干。

三、实习任务

本次实习要求学生以小组（6~7 人）为单位进行外业测量（200 m × 200 m 的地形图测绘及控制测量工作）、内业计算（水准路线和导线数据计算）、绘图和测量资料整理工作。

四、实习项目及具体内容

1. 实习项目：

（1）DS_3 微倾式水准仪的检验与校正。

（2）测区图根导线测量与四等水准测量及内业相应成果处理。

（3）全站仪数据采集进行地形测绘。

（4）内外业资料整理、编制地形测量总结报告。

2. 具体内容：

（1）在已有资料和踏勘测区的基础上制订测量方案和简要技术设计，无须提交相关成果。

（2）控制测量。

① 导线测量：根据测区实地情况设计导线方案并进行踏勘选点、外业观测、内业计算和成果整理。每组至少完成一条完整的附合导线或闭合导线，坐标未知的导线点个数不少于5个，长度不短于500 m。按照测量规范要求填写导线观测记录表。另外，每人提交一份独立计算成果，包括导线点计算表格和控制网略图。

② 水准测量：按普通水准观测技术要求进行外业观测和内业计算，要求每人独立完成长度约500 m的水准路线的外业观测、记录工作，独立完成本组所有观测路线的内业计算工作，每人提交1份水准点计算表格和水准路线略图。

（3）大比例尺地形图测绘。

全站仪外业数据采集（包括测站点增设、碎部点选择、施测与草图绘制）；数据通信；内业机助成图（包括展点、参照草图绘制各种地形图符号、添加文字注记、生成等高线）；地形图的整饰、检查与验收（包括野外现场查图、修饰和完善图形信息、插入图框并添加图廓信息与打印成图）。

每组提交测区1∶500电子版地形图，并打印纸质版地形图，导出碎部点坐标文件。

注意：测量工作应符合相应的测量规范。

五、实习时间及进度安排

1. 实习时间：共2周。
2. 进度安排：见表3.1。

表3.1　进度安排

时　间	内容及要求	备　注
第1天	实习动员： 1. 领取测量仪器，并进行必要的仪器检定。 2. 抽签选取测区，熟悉场地。 3. 布置实习任务	搜集资料、设计测量方案
第2～3天	导线测量	1. 白天测量、晚上及时整理成果。 2. 各组可根据进度自行安排测量工作
第4～6天	普通水准测量	
第7～11天	大比例尺地形图测绘	
第12天	成果验收，归还仪器	
第13天	整理测量资料	
第14天	提交相应成果资料	

六、实习成果

1. 实习日记：以组为单位提交一本实习日记记录，主要反映每天的工作安排情况、完成情况、遇到的问题及其解决方法、经验教训等。每天由组长负责指定本组成员在实习工作中或收工后如实填写。

2. 每组提交仪器检验报告、完整的外业测量的原始观测记录、测区地形图图纸、控制点成果表以及测量实习技术总结。

3. 每个小组成员独立完成相应承担测量工作的成果整理，提交水准测量和导线测量计算表格，并提交实习心得 1 份，内容专注于实习中的问题和解决方法等，字数不宜超过 500 字。

七、实习考核办法及其他说明

1. 学生在教师的指导下积极主动地完成课程实习所规定的全部任务，按照进度进行工作，不得无故拖延。

2. 严格遵守学校纪律和实习纪律，实习期间原则上不得请假，因特殊原因必须请假者，一律向辅导员和任课教师请假，如需离校需获得家长同意。实习期间，原则上无节假日时间安排，各组可根据实际进度安排测量工作，下雨天无法进行测量时，可不外出工作，但应在室内整理相关资料。

3. 实习评分标准：

（1）成绩等级按五级评定，即：优、良、中、及格、不及格。

（2）学生平时考勤和操作规范程度占总成绩 20%，实习期间中的工作日会进行不定期抽查，迟到一次扣 5 分，旷课扣 10 分，旷课 2 次及以上，总成绩以不及格计；实习纪律散漫或者操作不规范，扣除一定平时考勤分数。

（3）现场检查占总成绩 30%，根据完成情况和点位精度评分。

（4）测量外业记录手簿、内业计算资料、图纸及个人实习总结占总成绩 50%，用 A4 纸张书写或打印并在规定时间内上交。

4. 按规定时间完成个人需要撰写的实习成果内容。抄袭他人成果、不按要求或未完成全部内容、缺勤次数超过两次者，实习成绩定为不及格。如有损坏、丢失仪器者，在未履行赔偿之前，实习无成绩。未提交实习报告、观测数据、计算成果、图纸等，实习无成绩。编造、抄袭他人观测数据者，实习成绩定为不及格。

5. 若出现其他违反学生守则中规定的，均按不及格计成绩。

附录 1：华东交通大学校园控制点

见表 3.2。

表 3.2　华东交通大学校园控制点

点名	X	Y	Z	备注	
J1	1 020.222 7	496.188 6	99.415 0	小广场三角点（混凝土桩）	视线被挡
J2	866.714 9	455.046 6	97.649 4	国防楼三角点（混凝土桩）	
J12	1 197.448 1	924.445 5	97.280 6	学生 6 号宿舍附近（距离 JK8-Z 很近）（钢钉）	
J13	1 465.444 0	991.614 2	105.243 0	移动营业厅门口（钢钉）	
J16	1 708.728 0	913.594 9	106.065 3	宅 50 号楼旁边的路上（钢钉）	
J17	1 703.631 7	840.818 9	107.559 6	宅 52 号楼旁边的路上（钢钉）	
J19	1 691.330 6	703.706 5	104.775 9	新建博士楼旁边的路上和华东路的交叉口上（钢钉）	
J20	1 672.432 7	649.927 2	105.388 5	养心湖北面的路上（钢钉）	
JK1	1 670.489 0	495.280 0	109.975 6	宅 34 号楼附近（钢钉）	
JK2	1 475.688 6	500.745 0	107.306 1	宅 41 号楼附近（钢钉）	
JK3	1 304.974 8	481.923 8	102.749 5	艺术学院出口附近（钢钉）	
JK4-Z	1 149.914 7	482.528 4	101.256 9	逸夫楼十字路口、停车牌旁 4 m 处（钢钉）	
JK6	1 057.911 0	697.851 0	100.400 6	土木学院与图书馆三岔路口、路牌后（混凝土桩）	视线被挡，可用于定向
JK8-Z2	1 313.677 0	1 029.351 8	104.214 2	学 13 号楼附近、资溪面包店对面（混凝土桩）	
JK9	1 314.237 1	838.959 4	97.217 2	风雨球场附近三岔路口（钢钉）	
JK9-Z	1 380.298 9	940.794 9	102.000 4	游泳池西北角三岔路口（钢钉）	
JK10	1 439.081 0	803.063 2	100.245 5	宅 2 号楼旁花坛附近（钢钉）	
JK11	1 501.489 2	679.893 7	104.476 9	华中路十字路口旁，有台阶通往养心湖小路（钢钉）	
JK11-Z2	1 497.149 2	769.859 1	101.729 7	华东路，教工食堂旁（混凝土桩）	
JK12	1 641.309 1	613.181 0	106.636 3	校训牌附近垃圾桶后面（混凝土桩）	

附录 2：华东交通大学南区测区分布图

见图 3.1。

华东交通大学南区平面图
0.76-0.28

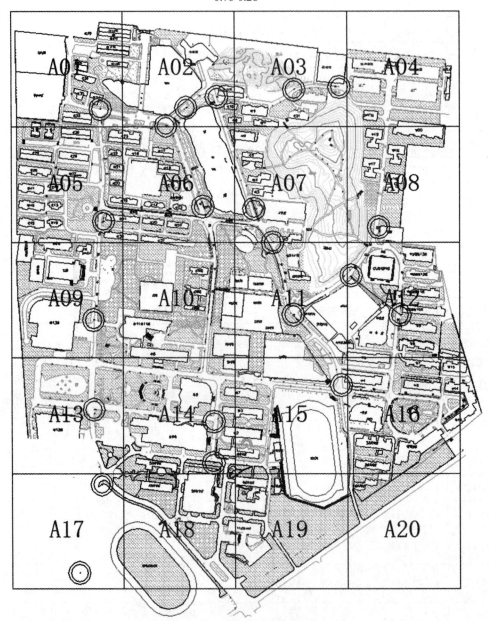

图 3.1　华东交通大学南区测区分布图

附录 3：控制网略图

见图 3.2、图 3.3。

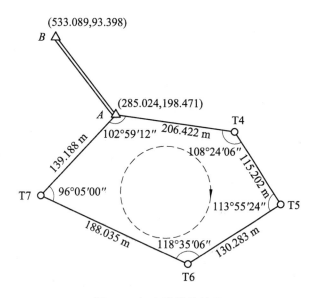

图 3.2 闭合导线路线图

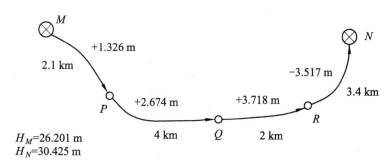

图 3.3 附合水准路线图

附录 4：记录与计算表格

见表 3.3 ~ 3.8。

表 3.3　导线外业测量记录表

仪器型号：_____　观测日期：_____　观测天气：_____　观测：_____　记录：_____

测点	盘位	目标	水平度盘读数	水平角		示意图及边长
				半测回角值	一测回角值	

表 3.4　普通水准测量记录手簿

仪器型号：_____ 观测日期：_____ 观测天气：_____ 观测：_____ 记录：_____

测点	水准尺读数		高差/m		高程	备注
	后视（a）	前视（b）	+	−		
Σ						
计算检核						

表 3.5　水准测量成果计算表

点号	距离/km	观测高差/m	改正数/mm	改正后高差/m	高程/m

表 3.6 导线坐标计算表

点号	观测角 ° ′ ″	改正数 ″	改正角 ° ′ ″	坐标方位角 ° ′ ″	距离	增量计算		改正后增量		坐标值	

表 3.7　碎部测量记录手簿（一）

仪器型号：_____　观测日期：_____　观测天气：_____　观测：_____　记录：_____

测站点：_____　　　后视点：_____　　　仪器高：_____　　　棱镜高：_____

碎部点号	水平角	竖直角	平距	高差	坐　标			备注
					X	Y	Z	

表 3.8　碎部测量记录手簿（二）

仪器型号：＿＿＿＿　观测日期：＿＿＿＿　观测天气：＿＿＿＿　观测：＿＿＿＿　记录：＿＿＿

测站点：　　　　后视点：　　　　仪器高：　　　　棱镜高：

碎部点号	水平角	竖直角	平距	高差	坐　标			备注
					X	Y	Z	

测量实习心得

实习二　施工测量实习

一、实习目的

1. 掌握缓和曲线（圆曲线）测设要素以及主点程桩号的计算方法。
2. 掌握缓和曲线（圆曲线）主点的测设方法。
3. 掌握 3 种缓和曲线（圆曲线）的详细测设方法。
4. 掌握横纵断面测量方法。

二、实习设备及器件

全站仪 1 台，棱镜及对中杆 2 套，水准仪 1 台，水准尺 1 对，脚架 2 个，长卷尺 1 把，木桩及铁桩若干。

三、实习任务

根据实验场地的 JD 桩和 ZD_1，ZD_2 桩，完成一条加设有缓和曲线的圆曲线实地测设，包括主点测设和细部测设。缓和曲线长度 $l_0 = 40 \text{ m}$，圆曲线半径为 400 m（转向角小于 20°）或 250 m（转向角大于 20°），JD 里程为 K1 + 300.00。如图 3.4。

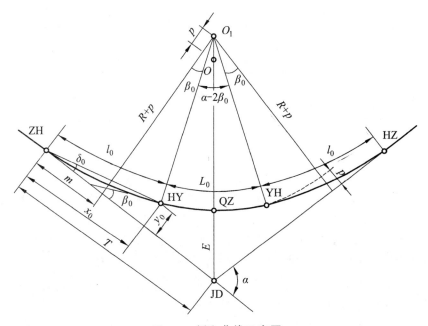

图 3.4　缓和曲线示意图

四、实习项目及具体内容

1. 根据实验场地 JD 桩和 ZD_1，ZD_2 桩，测量转向角 α，设定圆曲线半径 R。
2. 计算曲线要素以及曲线主点（ZH、HY、QZ、YH、HZ）里程。
3. 缓和曲线每隔 5 m，圆曲线每隔 10 m 测设碎部点位，计算偏角法测设资料。
4. 曲线主点实地测设，地面做标识。
5. 用偏角法进行缓和曲线和圆曲线的详细测设，并标识在地面上。
6. 采用自由设站方法，复测所有测设点的坐标，要求记录测量数据，并绘制曲线平面图。
7. 曲线纵横断面测量，并绘制纵横断面图。纵断面图：水平距离比例尺 1∶1 000，高程比例尺 1∶100；横断面图：水平距离比例尺 1∶100，高程比例尺 1∶100。

五、实习时间安排

见表 3.9。

表 3.9　实习时间安排

序号	实习具体内容	天数	备注
1	领取仪器		进行仪器检验
2	曲线主点要素，主点里程，偏角法测设资料计算	2	
3	曲线主点测设	1	
4	缓和曲线、圆曲线详细测设	2	
5	自由设站检核	1	
6	纵横断面测量，绘制纵横断面图	2	
7	归还仪器	1	
8	完成并提交实习报告	1	

六、实习要求

1. 领取仪器后及时检查，如有故障及时更换。在实习期间保管好所有设备，如果出现遗失或损坏，需照价赔偿。
2. 现场测量前复习课本相关章节知识，制订测设方案，计算测设数据；在校内选取开阔地带作为实习场地，并及时上报具体位置，便于现场指导和检查。
3. 实习最终成果以实验报告形式提交（纸质版和所有资料的电子版），要求格式规范、内容完整，并制作封面和目录。实验报告要求包含以下内容：
（1）简要介绍实习目的和要求、实验已知条件以及实验设备。

（2）实验成员及具体分工、小组自行评分。

（3）实验成果：计算数据；计算曲线测设要素和主点的里程桩号等，曲线点位数据；复测数据；曲线点位坐标高程和点位平面图。

（4）个人实验总结：介绍实习简要过程、实验中出现的问题及解决方法以及实习心得（切忌记流水账、写假大空的内容），字数不宜多于300字。

（5）小组实验总结（描述具体实习内容和实验步骤，字数不宜超过800字）。

注意：实验报告中实习内容、成果整理和实习总结是重点，可以适当添加照片、表格或其他内容辅助说明。

七、实习考核办法及其他说明

1. 实习分数占比：

现场检查占总成绩40%，其中，测设数据计算结果（10%）、测设完成情况和点位精度（20%），另实习平时考勤10%，迟到和旷课扣相应分数，旷课达到2次，总成绩评定为不及格。

实习报告占总成绩60%，其中实习分工占比10%、实习心得占10%、报告完成程度40%。

2. 所有点位放样完成后需在实地做适当标识，并进行复测（检核）和记录数据，实习报告中缺少检核（复测）数据和曲线平面图，成绩判定为不及格。

3. 数据计算出错或者现场测设精度过低（>5 cm），成绩判定为不及格。

4. 实习报告缺少规定内容、作假或者抄袭，成绩判定为不及格。

相关表格见表3.10~3.16。

表3.10　带有缓和曲线的圆曲线测设计算表

名　称	数　值	曲线元素	数　值
转　角		切线角	
曲线半径/m		缓和曲线总偏角	
交点桩里程		切垂距	
直缓点里程		圆曲线内移量	
缓圆点里程		缓圆点坐标	
曲中点里程			
圆缓点里程		切线长/m	
缓直点里程		曲线长/m	
		外矢距/m	

表 3.11　缓和曲线细部点偏角计算表

置镜点或测设里程	点间曲线长/m	偏角 。　′　″	测设时度盘偏角读数 。　′　″	备注

表 3.12　圆曲线细部点偏角计算表

置镜点或测设里程	点间曲线长/m	偏角 ° ′ ″	测设时度盘偏角读数 ° ′ ″	备注

表 3.13　缓和曲线切线支距法计算表

测设里程	坐 标		备注
	X	Y	

表 3.14　圆曲线切线支距法计算表

测设里程	坐　标		备注
	X	Y	

表 3.15 纵断面测量记录表

仪器型号：_____ 观测日期：_____ 观测天气：_____ 观测：_____ 记录：_____

测站	测点	后视/m	中视/m	前视/m	视线高程/m	高程/m	备注

表 3.16 水准仪皮尺法横断面测量记录表

仪器型号：_____ 观测日期：_____ 观测天气：_____ 观测：_____ 记录：_____

里程桩号	地面高程	位置	项目	横断面线记录数据					
		左侧	平距						
			高差						
		右侧	平距						
			高差						
		左侧	平距						
			高差						
		右侧	平距						
			高差						
		左侧	平距						
			高差						
		右侧	平距						
			高差						
		左侧	平距						
			高差						
		右侧	平距						
			高差						
		左侧	平距						
			高差						
		右侧	平距						
			高差						
		左侧	平距						
			高差						
		右侧	平距						
			高差						

绘制纵断面图和横断面图

实习心得